南疆奶牛
标准化规模养殖
技术图册

◎ 蒋 涛 主编

U0306294

中国农业科学技术出版社

图书在版编目（CIP）数据

南疆奶牛标准化规模养殖技术图册 / 蒋涛主编 . -- 北京：
中国农业科学技术出版社，2022.12
ISBN 978-7-5116-6127-2

Ⅰ.①南… Ⅱ.①蒋… Ⅲ.①乳牛－饲养管理－标准
化－图集 Ⅳ.① S823.9-64

中国版本图书馆 CIP 数据核字（2022）第 247619 号

责任编辑 张国锋
责任校对 李向荣 贾若妍
责任印制 姜义伟 王思文

出 版 者 中国农业科学技术出版社
        北京市中关村南大街 12 号 邮编：100081
电   话 （010）82106625（编辑室） （010）82109702（发行部）
        （010）82109709（读者服务部）
网   址 https://castp.caas.cn
经 销 者 各地新华书店
印 刷 者 北京地大彩印有限公司
开   本 170 mm×240 mm 1/16
印   张 7.75
字   数 140 千字
版   次 2022 年 12 月第 1 版 2022 年 12 月第 1 次印刷
定   价 98.00 元

编委会

张作柱　　巴楚县畜牧兽医局

陈亚飞　　塔里木大学

郁万瑞　　塔里木大学

王芳芳　　塔里木大学

李明洋　　塔里木大学

孙瑜良　　塔里木大学

李祥浩　　塔里木大学

刘百峤　　塔里木大学

刘浩南　　塔里木大学

穆丽红　　塔里木大学

　　《南疆奶牛标准化规模养殖技术图册》通过深入浅出的文字和大量直观实用的图片，从南疆奶牛良种化、南疆奶牛养殖设施化、南疆奶牛饲养管理技术、防疫制度、粪污无害化处理、奶牛体况评定等方面详细阐述奶牛养殖场标准化示范创建的主要内容，这对于提高南疆奶牛标准化养殖水平具有重要指导意义和促进作用。同时，在避免饲料浪费、提高饲料转化率、降低环境污染、增加经济收入和改善生态等方面起到重要作用，给南疆现代化新农村建设带来示范和引领效应。

编　者

2022 年 12 月

第一章　南疆奶牛良种化

　　荷斯坦奶牛（Holstein-Friesian），又称黑白花奶牛，是现在绝大多数规模化、标准化牧场主要饲养的品种。该品种具有较好的环境适应能力，能够适应规模化、标准化牧场高强度的生产模式与南疆独特的地理环境和气候。

荷斯坦奶牛

　　荷斯坦奶牛具有泌乳性能好、产奶量高、乳脂率和乳蛋白含量适中等优点。

　　荷斯坦奶牛的乳脂率为 3.4% ～ 4.0%，乳蛋白率为 2.9% ～ 3.4%，乳蛋白与乳脂肪的比例约 0.86，更加适宜人体吸收利用。

荷斯坦奶牛

一、荷斯坦奶牛的外貌特征

体格高大，结构匀称，皮薄骨细，皮下脂肪少，乳房特别庞大，乳静脉明显，后躯较前躯发达，侧望呈楔形，具有典型的乳用型外貌。

荷斯坦奶牛外貌

被毛细短，毛色呈黑白斑块，界线分明，额部有白星，腹下、四肢下部（腕、跗关节以下）及尾帚为白色。

二、具有优良产乳性能的体型外貌

1. **看体形**：体格高大、皮薄骨细、瓜子脸、眼大有神。

荷斯坦奶牛体型

2. **看毛色**：黑白相间，膝关节以下、尾巴的后 2/3、额头有白色。

荷斯坦奶牛毛色

3.看乳房：前伸后延、附着良好，乳静脉发达、乳房毛少、乳区端正。

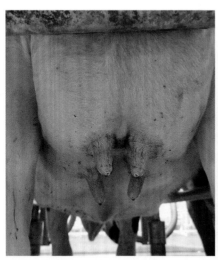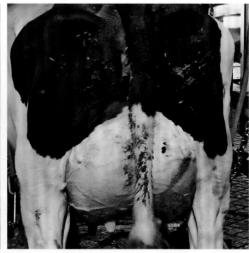

荷斯坦奶牛乳房

4.看反刍：牛群中70%的牛食后躺卧，80%的奶牛在反刍。

反刍

5.看谱系：来自优秀的公牛和母牛，有检疫记录。

黑白花奶牛

三、荷斯坦奶牛 DHI 技术的简介

奶牛生产性能测定（DHI）技术是通过技术手段对奶牛场的个体牛和牛群状况进行科学评估，依据科学手段适时调整奶牛场饲养管理，最大限度地发挥奶牛生产潜力，达到奶牛场科学化管理和精细化管理。DHI 技术

黑白花奶牛

是奶牛场管理和牛群品质提升的基础。通过对 DHI 技术报告分析，使问题暴露。主要着眼于反映出奶牛隐性乳腺炎、乳脂乳蛋白含量、泌乳天数变化等几个关键环节的指标数据，采取相应的技术措施，适时调整奶牛场管理，从而提高牛群生产水平和生鲜乳质量。奶牛生产性能测定（DHI）工作是直接帮助奶牛场提高管理水平、提高单产、提高效益的重要手段，最终达到提高牛场经济效益的目的。

DHI 主要内容

奶牛生产性能测定（DHI）工作是直接帮助奶牛场提高管理水平、提高单产、提高效益的重要手段，最终达到提高牛场经济效益的目的。

1.产奶性能

奶牛的产奶性能主要受到 3 个方面的影响：遗传因素、生理因素、环境因素。奶牛的品种是决定产奶性能的主要因素，具有良好的遗传基因和适宜的饲养环境才能发挥出最大的产奶性能。

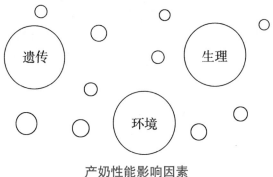

产奶性能影响因素

2. 饲养与饲料

奶牛的饲养应主要注意饲喂次数、饲喂时间，饲喂次数应尽量与挤奶时间一致，饲喂时间做到定时（固定时间）、定量（固定的饲料量）、定人（固定人员）。在饲料选择上优先选择品质高、营养均衡的全价饲料。另外要保证充足的饮水。

3. 牛群管理与奶牛健康

饲养奶牛时要注意牛群密度，饲养密度过高会影响奶牛的采食量，进而影响产奶量。同时还要保证奶牛健康，可以定期刷拭牛体表面，以防止寄生虫，定期进行修蹄，以防诱发其他疾病。

4. 育种与繁殖

科学的配种既可以保证最大的经济利益，又可以防止奶牛机体损伤。育种尽可能选择优良种公畜的优良精液，另外在配种时要注意卫生，防止因微生物感染引起的生殖疾病。

5. 牛舍与环境

科学合理的牛舍，可以提高建筑面积的利用，而干净、明亮的牛舍环境，可以有效防止环境疾病的发生。

泌乳牛舍

6. 奶牛淘汰与出售

当奶牛因病或其他因素需要淘汰时，可以通过对行情的分析，选出最好的淘汰方案。

奶牛生产性能测定技术推广符合国家的产业政策，是农业农村部扶持的项目。DHI 技术含量高、投入少、见效快、回报率高，特别是当前奶牛饲养效益下降的形势下，推广 DHI 技术显得尤为重要。通过推广，不仅推广了该项技术，增加了奶牛养殖收入，而且提高了奶牛养殖水平，进一步锻炼了专业技术人员的技能，增强了为养殖业服务的意识和信心。

DHI 报表主要内容

牛号	产犊日期	日产奶量	乳脂率	乳蛋白率	体细胞	尿素氮	泌乳天数	高峰奶	高峰日
12111		32.00	5.26	3.72	30.80	21.00	71	35.00	43.00
12119		34.50	2.42	3.16	2.30	15.50	146	4.58	4.33
12134		27.00	3.31	3.60	5.70	19.00	513	3.56	3.47
12143		32.00	5.27	3.17	3.50	15.50	489	3.00	29.30
12150		47.00	5.19	3.15	30.20	18.60	483	18.30	21.40
15176		25.00	4.53	3.55	42.00	13.10	438	35.01	43.01
861		46.80	4.37	3.34	20.20	13.20	56	4.59	4.34
91		41.00	3.12	3.31	51.50	16.90	62	3.56	3.48

第二章 南疆奶牛养殖设施化

第一节 奶牛场的选址和建设布局

一、选址的基本原则

（一）奶牛场选址的基本原则

（1）奶牛场应选在交通便利、有稳定可靠的电力供应，具有信号塔、网线等信息传递网络，附近有丰富的饲料资源和清洁水源的地方。

（2）牧场建厂要远离其他畜禽场，距村庄、主要交通要道1 000 m以上，一般距道路200 m以上，1 500 m之内无环境污染区，地势高，场地干燥，背风向阳且空气流畅。

（3）牧场场址应位于常年主导风向的下风向处，避免空气污染。

二、奶牛场的基本布局

奶牛场一般分为四个区：生活管理区、生产区、生产辅助区、隔离区。各区域既要满足防疫要求，又要方便牛奶、饲料等的运输和职工的生活，生活区和生产区要保持一定距离。

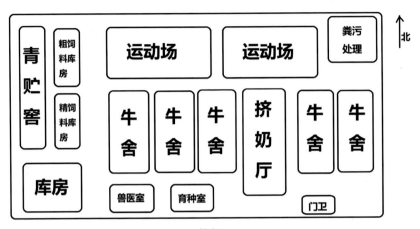

牧场

（一）生活管理区

生活管理区必须设在场区常年主导风向的上风向及地势较高的地方，包括会议室、财务室、档案室、培训室、职工居住场所、食堂、娱乐活动场所等场地，一般和生产区保持 50 m 以上距离。

生活管理区

（二）生产区

生产区主要包括泌乳牛舍、干奶牛舍、犊牛舍、产房、后备牛舍、挤奶厅、运动场、兽医管理室等区域，是奶牛场的核心区域。生产区设在地势较低的位置，与其他功能区域要用围墙或隔离带严格分开，各牛舍之间要保持适当的距离，该距离既要满足牛舍通风透光便利，也要满足防火、防疫的要求。

生产区泌乳牛舍

（三）生产辅助区

生产辅助区包括饲草加工区、设备维修区、饲料库房等辅助生产的区域，可设在生活和生产区之间，但是必须要保证防火、防疫不受干扰。

饲料库房

（四）隔离区

主要包括粪污处理装置（沉淀池、堆粪场或粪肥加工车间、沼气池等）以及病牛隔离舍和兽医治疗室等。病牛隔离区域应设在场区下风处，远离生产区，严格控制病牛与场内健康牛接触，以防感染健康牛。

粪污处理区

第二节　牛舍设计

根据奶牛不同生理阶段和生产的需要，将牛舍分为犊牛舍、育成牛舍、青年牛舍以及成母牛舍。

一、犊牛舍

常用的犊牛舍主要有单饲犊牛舍和群饲犊牛舍。生产中一般将未断奶的犊牛放在单个犊牛栏中饲养，断奶犊牛则分群饲养。

（一）单饲犊牛舍

犊牛出生后先转入保育栏，单栏饲养常用保育栏尺寸为宽1.1～1.5 m、长1.5～2 m，犊牛栏正面为活动的门。

保育栏

犊牛在保育栏生活一段时间之后，会转入犊牛岛进行饲喂。在规模化养殖牧场中，一般把犊牛岛放在同一区域，方便统一管理。犊牛岛轻便，易拆卸清洗和消毒，可重复利用。

犊牛岛

（二）群饲犊牛舍

群饲犊牛舍一般为断奶犊牛饲养区。犊牛断奶后，根据身高、体重等将若干头分为一群，进行统一管理。

断奶犊牛舍

二、育成牛舍

育成牛舍与断奶犊牛舍的设施基本相同。目前大都采用散栏群饲，饲养密度因育成牛月龄不同而有差异，一般大育成牛比小育成牛饲养密度小。

育成牛舍

三、青年牛舍

青年牛舍与成母牛舍的设施基本相同。目前大都采用带有卧床的散栏饲养，饲养密度高于成母牛，每头牛的饲养面积为 $15 \sim 20\ m^2$。

青年牛舍

四、成母牛舍

成母牛舍常见的建筑形式有钟楼式、半钟楼式、双坡式。

钟楼式适合北方以及比较寒冷的地区，具有通风良好的优点，但建造复杂，花费较高。

半钟楼式牛舍通风较好，但夏天牛舍北侧较热。

双坡式牛舍夏天加大门窗可增加通风换气，冬天关闭门窗有利于保温，造价低，易于推广。

钟楼式牛舍

目前，我国成母牛的饲养模式主要为传统拴系式和散栏式饲养。在我国大、中规模化养殖中多采用散栏式饲养，小规模养殖中有些采用拴系式饲养，农牧区多采用舍饲兼放牧方式。

　　散栏式是将牛群用围栏围在宽敞牛舍区域内，使牛在不拴系、无固定卧栏的牛舍中自由采食、自由饮水和自由运动。

散栏饲养

　　1. 卧床

　　卧床主要由牛卧栏和牛卧床两部分组成。决定奶牛卧床大小的是奶牛品种和体形。卧床建造时需要留出足够的前向空间，以确保奶牛在躺卧和站立时不会受到阻障。一般牛卧床长 2 m，宽 1.2 ～ 1.3 m，并具有适当的坡度，一般为 4%，前高后低。垫料有锯末、橡胶、刨花、干湿分离后的牛粪渣、细沙、稻壳等。卧床的舒适度要定期进行评估，以确保奶牛能得到良好休息。

卧床

2. 牛舍通道

牛舍通道包括挤奶通道和粪道，粪道地面要求结实、防滑，在现代规模化牧场则是刮粪板运行的通道，刮粪板设置定时刮粪，每隔半小时一次。挤奶通道可以铺设防滑橡胶垫。

粪道

3.饲槽和饲料通道

饲槽和饲料通道一般处于同一平面，为地面饲槽，可以用瓷砖或水泥做成，表面应光滑。饲料通道要求坚固，一般为水泥地面，饲料通道宽3.5～4.5 m，以便全混合日粮（TMR）饲喂。

采食通道

投放全混合日粮（TMR）

4. 粪污处理

规模化奶牛场粪便的处理有两种方式：一种是水冲粪；另一种是干清粪。详见第七章。

<h2 align="center">第三节 挤奶厅</h2>

常见的机械化挤奶方式包括管道式和挤奶厅式。挤奶厅包括鱼骨式挤奶厅、并列式挤奶厅、转盘式挤奶厅和机器人式挤奶系统。

一、管道式挤奶

在固定床位的奶牛舍内安装真空管道，管道会连接到牛舍外的真空罐及真空泵进行挤奶。

二、挤奶厅挤奶

（一）鱼骨式挤奶厅

鱼骨式挤奶厅包括待挤区、挤奶台、牛奶制冷间、机房和滞留栏等。挤奶厅栏位一般按30°倾斜，工作人员可以在牛的侧面或后面挤奶，更容易接近和观察到奶牛的乳房。一般每头牛挤奶需要8～12分钟。

鱼骨式挤奶厅

（二）并列式挤奶厅

并列式挤奶厅可使奶牛平行站立，尾部朝向挤奶坑道，挤奶操作人员在奶牛后侧从奶牛两后腿之间套挤奶杯组。在奶牛平行式挤奶时相互距离最近，挤奶操作时挤奶走动距离最小，可在较小的空间内为更多的奶牛挤奶。每个班次为 6 ～ 10 分钟。奶产量由阿菲金系统所监测。

并列式挤奶厅

（三）转盘式挤奶厅

转盘式挤奶厅多为坑道外挤奶，其优点是奶牛可连续进入挤奶厅，挤奶员在入口处清洗、消毒乳房、套奶杯，7 ～ 10 分钟可完成一个班次。

转盘式奶厅

（四）机器人式挤奶系统

机器人式挤奶系统几乎不需要人为对挤奶过程进行干预，只需要维护、管理人员即可，这大大减少了人为因素的影响，但是造价昂贵。

三、贮奶罐

贮奶罐是用来贮存和冷却牛奶的柱状容器。通过管道将奶厅挤出的奶送入挤奶罐，这样能有效防止原料奶的污染。贮奶罐内部通过低温低压制冷剂吸收牛奶热量，从而达到降低牛奶温度的目的。

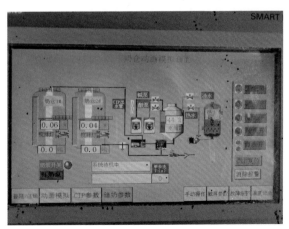

贮奶罐 　　　　　　　　　　　奶仓模拟图

　　车载式制冷罐是将挤出的牛奶通过管道直接装入运载车上的奶罐中，然后送到牛奶加工厂，运载车上配备有制冷系统。车载式制冷罐可以起到节省生产空间，提高生产效率以及降低成本的作用。

奶罐车

制冷奶罐

第四节　配套设备

一、保定架以及保定车

　　保定架在奶牛修蹄、治疗疾病时起到保定作用。保定架在传统牧场较多，而随着信息化的覆盖和生产技术的提高以及设备的性能提高，在现代规模化牧场多使用保定车，其中包括可调节高度的、对奶牛需要修剪的肢蹄进行保定的设备以及修蹄机。

保定架

保定车

二、全混合日粮（TMR）搅拌车

TMR 搅拌车是为集约化奶牛场设计使用，可将粗饲料、精饲料和酒糟类等多汁饲料搅拌均匀，可有效地避免奶牛挑食，提高了饲料利用率和奶牛产奶量。

牵引式搅拌车

三、青贮窖

青贮窖分为地上式、半地下式和地下式 3 种，目前国内的青贮窖多采用地上式。

地上青贮

四、排水及排污设施

排水和排污设施在牧场是很重要的设施，粪水由暗管排放，雨水由明沟排放。但在南疆很少下雨，故可少设置明沟。

污水处理

五、室外道路

场内道路分净道和污道，两者应严格分开，室外道路多为水泥地面，路面平坦开阔。

六、犊牛喂奶装备

犊牛的喂奶设施与挤奶厅不同，需要移动奶车对犊牛进行饲喂，包括牛奶的消杀装置和奶罐。

犊牛牛奶饲喂附属设备

第五节　通风、饮水与消毒设施

一、通风设施

通风设施

　　牛舍设置通风装置是保持良好牛舍环境和减少牛在夏天热应激的重要前提，也可在冬天降低牛舍内空气湿度，保持牛舍干燥。在南疆夏天环境温度较高，故为降低圈内温度、减少热应激，在现代化规模牧场设计每隔6 m 安装一个风扇。风扇的角度要根据风以吹到牛背上为准进行调整。

风扇

通风设备

二、饮水设施

（一）水槽

水槽分为有槽水槽和无槽水槽。水槽应坚固、槽面光滑、不渗水。每个圈舍的水槽间距为 24 m，方便牛喝水，每个有槽水槽设 4 个水槽。

水槽

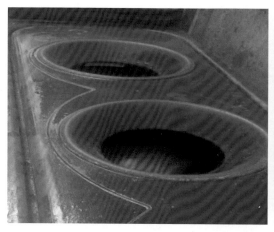

饮水设施

（二）自动饮水器

当牛要喝水时，牛嘴自动触动盆内圆形触片，弹簧下压使橡胶球向下移动与内套脱离，水自动由盆底向上流。这样做到牛低头有水、抬头无水的状态。

三、消毒设施

消毒设备

牧场的正门必须设置车辆消毒池，进出牧场的车辆需进行消杀，主大门的旁边应设置人员消毒通道，在场外人员进入场内时，应进行紫外线消毒或者喷雾消毒。

挤奶厅的设备以及犊牛的牛奶应进行消毒，对犊牛的牛奶应使用巴氏杀菌法在65℃进行消杀。奶厅的挤奶设备应做到每日消杀。

消毒设施

第三章 南疆奶牛饲养管理技术规范

第一节 哺乳犊牛饲养管理

一、0～3天新生犊牛的饲养管理

（一）接产前准备

1.产房的准备

产房要清洁、干燥、阳光充足、通风良好、无贼风、宽敞，每周更换一次垫草。

产房

2.药品及助产工具的准备

药品：10%碘酊、消毒液。

助产设备：润滑剂、助产链、长臂手套、照明设备、助产器械、剖腹产器械等。

（二）接产前管理要点——巡圈

产房人员需24小时巡查产前21天内的奶牛，30分钟巡圈1次，发现羊胎膜外露或羊胎膜破裂的牛及时转入产圈；发现尾根翘起、乳房充盈的牛记录牛号，每半小时对这些记录的牛只进行重点观察，若发现羊胎膜外露或破裂，及时转入产房。

干奶牛

（三）分娩管理

即将分娩的母牛转入产房后，如果在1小时（头胎牛2小时）内没有分娩进展，需对牛只进行胎位检查，若发现胎位不正，需将胎位校正；如果胎位正常，或者已经将胎位校正，但是发现产道（宫口）开张不足，继续等待半小时，如果仍无任何进展，进行助产。

如果进行胎位检查的时候，发现胎儿已经死亡，若宫口已开，立即拉出小牛；若宫口未开，等待1～1.5小时，拉出小牛。

人工助产

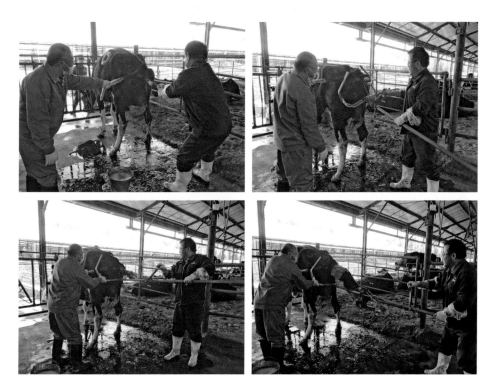

器械助产

（四）助产消毒

用消毒液浸泡助产器具，并在消毒液清洗外阴后进行助产。在助产过程中，要使用润滑剂对产道进行充分润滑。胎儿出生后，需对产道进行检查，对产道拉伤程度进行鉴定和记录，对产道拉伤严重的进行治疗。

（五）新生犊牛护理

（1）清除口腔、鼻腔内的黏液、脐带消毒、擦干或吹干犊牛体表、犊牛称重、记录。

清除黏液

（2）使用浓度 10% 碘酊、药浴杯对犊牛脐带进行浸泡消毒，确保脐带消毒完全，在转入犊牛岛前再进行一次消毒。

（3）按留养标准，对犊牛进行耳号编写及打耳牌。

（4）灌服初乳：在犊牛出生 1 小时内第一次灌服初乳 3～4 L；6～8 小时第二次灌服初乳 2～3 L；初乳灌服器每班次消 1 次毒，每头次清洗 1 次；挂好初乳灌服器并保持干净、干燥。

初乳灌服器

（5）在犊牛出生前准备好保育间，保育间每 3 天换一次垫草；栏杆每天消毒、擦拭；保持保育间空气清洁，并保持温度在 10℃以上（保温设备有通风管、暖灯、暖气、犊牛马甲等）。

（六）0～3 天新生犊牛饲喂要点

0～3 日龄，只给犊牛喂常乳，一天饲喂 3 次，每次 2 L（在此期间可以对犊牛进行吃奶引导）。

犊牛称重

保育舍及暖灯

吃奶引导

清洗保育栏

二、4～60日龄犊牛岛哺乳犊牛饲养管理

1.哺乳犊牛的营养需求

犊牛出生后0～7天，牛奶饲喂6～8 kg；7～42天，牛奶饲喂8～12 kg；43～60天，牛奶饲喂4～5 kg。整个哺乳期饲喂量560～600 L。

常乳饲喂　　　　　　　　　　　　　　开食料

开食料品牌　　　　　　　　　　　　　哺乳犊牛

犊牛出生后第 3 天开始给水，主要以自由饮水为主。

犊牛出生后第 3 天开始饲喂开食料，24 小时不能断料，少喂勤添，每天更换颗粒料；10 ～ 14 天开始训练采食优质干草，促进犊牛瘤胃的发育。

犊牛出生后第 42 天开始断奶，过渡期 18 天，此时每天牛奶饲喂量应与之前相比减少一半。断奶时犊牛开食料采食量需连续 3 天大于 1 kg，整个哺乳期开食料采食量累计不低于 45 kg。犊牛断奶时体重需达出生重的 2 倍时方可确认断奶。

2. 管理要点

（1）犊牛转入犊牛岛之前需对犊牛岛进行消毒、更换垫草，并准备好奶桶、水桶和料桶。

（2）饲喂犊牛的牛奶需要温度恒定 38℃，每天定时饲喂，饲喂之前奶桶需清洗干净；水桶和料桶保证干净，水必须干净，冬天必须给犊牛准备温水饮用。

（3）犊牛岛每天消毒一次，保持干燥清洁。

（4）犊牛断奶结束后需要在原圈舍过渡饲养 7 天再转入断奶犊牛舍。

（5）犊牛转出犊牛岛之后，需对犊牛岛进行消毒处理。

犊牛岛消毒

更换垫草

第二节　断奶犊牛饲养管理

一、61~180日龄断奶犊牛的营养需求

（1）61~90日龄自由采食开食料4~4.5 kg，青干草0.2 kg/（日·头）。

（2）91~180日龄自由采食开食料3.5~4 kg，青干草0.5 kg/（日·头）。

开食料＋青干草

二、61~180日龄断奶犊牛的管理要点

（1）犊牛分群前对预进圈舍进行清洁消毒，将年龄和体重相近的犊牛分为一群，密度与圈舍面积相适应，圈舍每3天消毒一次。

断奶犊牛采食开食料和青干草

（2）每周对采食通道坎墙上进行清理，雨雪天气及时清除被水泡湿的饲料，重新添加。

（3）满6月龄（180日龄）的牛转育成过渡，前5～10天供给全混合日粮（TMR）6 kg，颗粒料2 kg；后5～10天供给全混合日粮（TMR）8 kg，颗粒料1 kg。

采食通道　　　　　　　　　　　　　　　舔砖

第三节　育成牛的饲养管理

一、7～12月龄小育成牛的营养需求

日粮以粗饲料为主，每天补充饲喂混合精料；选用优质干草，培养耐粗饲性能，增进瘤胃机能。

小育成牛

二、13 月龄至第一次配种受胎大育成牛的营养需求

该时期育成母牛的消化器官已基本成熟，如果采食足够的优质粗饲料，基本上可以满足其生长发育的营养需要，但如果粗饲料质量较差，应适当补充精料，精料供给量以 1 ～ 3 kg/（头·日）为宜，视粗饲料的质量而定。

三、育成牛的管理要点

（1）分组饲养：将年龄相近、体格大小相差不大的育成牛放在同一牛舍饲养，年龄最好相差不超过 2 个月，活重相差不超过 30 kg。

（2）每天保证育成牛至少 2 小时驱赶运动时间。

（3）12 月龄后每天按摩一次乳房，18 月龄后增加到 2 ～ 3 次。按摩的时间与挤奶的时间一致，并在按摩时用热毛巾敷擦乳房。产前 1 ～ 2 个月停止按摩。

育成牛

育成牛舍

育成牛日粮

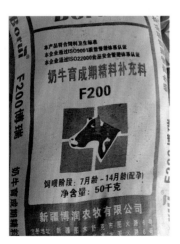

育成牛精料补充料

小育成牛

第四节　青年母牛饲养管理

一、青年母牛的营养需求

青年母牛妊娠前半期可与育成母牛相似，以粗饲料为主，视情况补充精料；妊娠后半期根据其生理阶段特点，给予高精料日粮，使其在保证胎儿和身体正常发育外适应高精日粮，但是要避免母牛体况过肥。

青年母牛

二、青年母牛的管理要点

（1）在母牛妊娠期间要加大运动量，保证母牛的体况不过肥，防止难产，同时也要防止因驱赶、母牛互相顶撞等造成机械性流产。

（2）防止母牛采食霉变饲料，防止饮用冰冻水（冬季）。

（3）妊娠期间要防止母牛长时间淋雨，在妊娠中期开始至产前15天左右每天温水按摩乳房，以促进乳腺发育。

（4）计算好母牛预产期，预产期前14天转入产房。

青年母牛圈舍

第五节　成年母牛饲养管理

一、干奶前期奶牛饲养管理

产前60天至产前21天为干奶前期，该时期奶牛恢复乳腺细胞，并为优质初乳打下基础。

1. 干奶前期奶牛营养需求

干奶前期奶牛日粮以中等质量粗饲料为主，日粮干物质采食量占体重的2%～2.5%，粗蛋白水平12%～13%，精粗比以30∶70为宜。混合精料每头每天2.5～4 kg。

成年母牛

干奶牛乳房

干奶前期全混合日粮（TMR）

干奶前期奶牛

2.干奶前期奶牛管理要点

（1）干奶后的牛只进行标记并记录，将牛只转入干奶牛舍，做好转群记录。

（2）干奶后如出现漏奶，应检查乳头和乳房，无异常后，挤干净牛奶并重新干奶。

（3）干奶后5～7天内每天早、晚药浴乳头2次，并跟踪观察乳房状态，若发现有红肿热痛的乳房炎症状，及时挤净治疗，治好后再注药干奶。

二、干奶后期（围产前期）奶牛饲养管理

产前21天至分娩为干奶后期，此时期也可被称为围产前期，是为母牛分娩做准备的时期。

1. 干奶后期（围产前期）奶牛营养需求

逐渐增加精料喂量至体重的0.5%～1%；禁止饲喂盐与碳酸氢钠（小苏打），控制钾含量不超过日粮干物质的1.5%；增加硒和维生素E饲喂量；干物质采食量达11～13 kg。

2. 干奶后期（围产前期）奶牛管理要点

围产前期精料补充料

（1）预产期前一周抽测血酮、血糖含量。生理正常标准：BHBA< 0.6 mmol/L，血糖为45～65 mg/dL。若血糖含量低于40 mg/dL，证明奶牛有酮病；若血糖含量高于70 mg/dL，证明奶牛瘤胃酸中毒。

（2）注意精料的饲喂量，避免体况过肥造成难产，同时也要保证胎儿正常发育；根据预产期及时把牛转入产房。

围产前期奶牛

围产前期牛舍

围产前期全混合日粮（TMR）

保持圈舍卫生

三、围产后期（新产牛）奶牛饲养管理

奶牛分娩至产后 21 天为围产后期，围产后期的管理好坏与奶牛泌乳期内奶牛健康密切相关。

1. 围产后期（新产牛）奶牛营养需求

饲喂新产牛日粮，提供优质干草和青贮，精粗比以 60∶40 为宜；干物质采食量 10 ～ 12 kg/d。

2. 围产后期（新产牛）奶牛管理要点

（1）围产后期保证充足的采食时间，提高干物质采食量，可降低产后能量负平衡对奶牛生产性能和繁殖性能的影响。

（2）产后 60 天内需特别关注难产、双胎、胎衣不下、产褥热以及产前体况评分超过 4 分的奶牛产后情况，及时进行治疗。

（3）该时期牛舍饲养密度应小于 90%，每头牛间距保持 75 cm。奶牛产后 10 天内，经健康检查，正常牛方可出产房，并做好交接手续；异常牛需单独处理。

（4）母牛分娩后第 3 天开始灌服复合型葡萄糖前体物 300 ～ 400 mL/（头·天），连续灌服 3 ～ 5 天，快速补充能量，缓解奶牛能量负平衡状况。

（5）在母牛产后 7 ～ 10 天检测血糖和血酮含量，防止母牛的继发性酮病；在 18 ～ 22 天再次监测这两个指标，防止出现原发性酮病。

新产牛舍

新产牛

四、泌乳前期奶牛饲养管理

产后 3 周至产后 100 天是奶牛泌乳期内日产奶量最高的一段时间，被称为泌乳前期或泌乳盛期。

1. 泌乳前期奶牛营养需求

提高粗饲料质量，可在精饲料中加入 1.0% ～ 1.5% 小苏打和 0.5% 氧化镁等缓冲剂，以保证瘤胃内环境平衡；提高营养浓度，但粗饲料比例不低于 35%；奶牛体况下降过快考虑添加脂肪。

泌乳前期奶牛

泌乳前期全混合日粮（TMR）

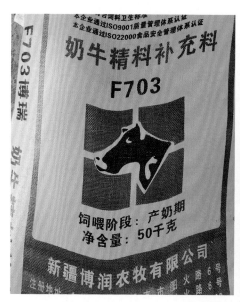

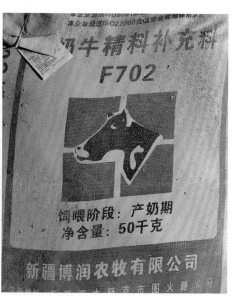

产奶期精料补充料

2. 泌乳前期奶牛管理要点

（1）泌乳前期奶牛处于能量负平衡状态，需要提高日粮能量含量，补充能量。

（2）对日单产超过40千克的奶牛注意补充过瘤胃胆碱、过瘤胃烟酰胺、过瘤胃蛋氨酸、酵母培养物、糖蜜等。

（3）泌乳牛在产后60天即可再次配种，此时要做好发情监控，及时配种。

五、泌乳中期奶牛饲养管理

产后 100 天至产后 200 天为泌乳中期，此时奶牛处于能量正平衡状态，因此要控制精料的饲喂量，避免体况过肥。

1. 泌乳中期奶牛营养需求

该时期奶牛食欲旺盛，采食量达到高峰，此期日粮的精粗比以 40∶60 为宜。在正常情况下，多数奶牛处于怀孕的早、中期。日粮干物质应占体重的 3.0%～3.2%，粗蛋白质含量为 13%，钙 0.45%，磷 0.4%，NDF 含量高于 30%，ADF 高于 21%，粗纤维含量不少于 17%。

泌乳中期奶牛

泌乳中期奶牛全混合日粮（TMR）

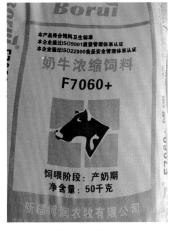
产奶期浓缩饲料

产奶中期奶牛

2.泌乳中期奶牛管理要点

控制每月产奶量的下降幅度在 5% ～ 8%；日增重幅度在 0.25 ～ 0.5 kg；给母牛保证充足的饮水，加强运动。

六、泌乳后期奶牛饲养管理

1.泌乳后期奶牛营养需求

泌乳后期要控制奶牛体况，在十奶前 1 个月需达到 3.75 分，故而日粮精粗料比为 30∶70，日粮干物质占体重 3.0% ～ 3.2%，每千克含奶牛能量单位 2.00，粗蛋白质含量为 12%，钙 0.45%，磷 0.35%，NDF 含量高于 32%，ADF 高于 24%。

泌乳后期牛舍　　　　　　　　泌乳后期全混合日粮（TMR）

2.泌乳后期奶牛管理要点

（1）合理运动，根据预产期确定干奶牛只并进行干奶准备。

（2）在预产期前 70 ～ 85 天，根据预产期记录，确定干奶牛，对干奶牛进行修蹄、乳房炎检查、妊娠检查，检查无误之后对奶牛进行体况评分，随后进行干奶。

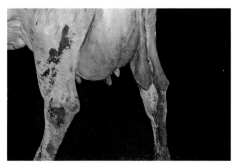

泌乳母牛乳房　　　　　　　　　　　泌乳高峰期母牛

第六节　宾州筛的应用

宾州筛于 1996 年发明，经过数次改良，2013 年将第三层的筛孔孔径由原来的 1.18 mm 增至 4 mm，由 3 个筛层（19 mm、8 mm、4 mm）和 1 个底盘组成。

改良后的宾州筛，增加了其在评定物理有效中性洗涤纤维（peNDF）方面的功能，可以更好地评价粗饲料或全混合日粮（TMR）中可提供的物理有效纤维总量，在奶牛生产中被广泛应用。

宾州筛

一、结构介绍

19 mm 筛层：可浮在瘤胃上层的粒径较大的粗饲料和饲料颗粒，需要奶牛反刍才能消化，校正瘤胃 pH 值。

8 mm 筛层：粗饲料颗粒，不需要奶牛过多地反刍，可以在瘤胃中更快速地降解、更快被微生物分解利用。

宾州筛结构

4 mm 筛层：小颗粒饲料，通常（并非绝对）纤维含量较低，可以经由最小程度的反刍或微生物活动得到分解。

二、使用方法

将分级筛水平逆时针旋转 90°，然后重复上述动作，直至旋转两圈为止；将每层上的样品分别堆放、称重、记录；将所有样品的重量加起来，计算每层筛子上饲料的重量占整个样品总重量的百分比。

宾州筛使用

宾州筛使用流程

三、采样方法

随机选取一定量的新鲜饲料（采食通道 5 点取样，若为青贮，则青贮面 5 点取样），用四分法取出 400 ～ 500 g 饲料样品放于第一层筛上；前后水平摇动筛子 5 次，动作幅度在 17 ～ 20 cm，摇动频率每秒 1 ～ 2 次；切勿垂直抖动。

四、各筛层推荐标准

筛层标准

筛层	孔径（mm）	颗粒大小（mm）	玉米青贮（%）	牧草青贮（%）	TMR（%）
上层	19	>19	3～8	10～20	2～8
中层	8	8～19	45～65	45～75	30～50
下层	4	4～8	20～30	30～40	12～20
底盘	—	<4	<10	<10	30～40

五、宾州筛具体功能

（1）全混合日粮（TMR）原料粉碎、切割及配方评估：收集搅拌好的饲喂前 TMR 样品，分析各筛层含量，与推荐含量对比。

（2）全混合日粮（TMR）挑食情况评估：先后在食槽同一位点，采食过程（例如每隔 1 小时）以及采食后，收集饲料样品。

（3）全混合日粮（TMR）搅拌均匀度评估：投料后立即进行采样，从采食槽的两端和中间均匀选取 5 个或 5 个以上的点抽样检测。分析结果之间差异 < 5%，说明搅拌均匀度好；反之，则需要根据具体情况对全混合日粮（TMR）制作工序进行相应的分析和调整。

第七节　青贮制作

为了减少饲料营养物质流失，延长青绿饲料的贮存时间，充分利用饲料资源，提高饲料的适口性和消化率，减少饲料虫害对动物的影响，减少环境对饲料利用的影响。牧场经常把不易贮存的青绿饲料在密闭环境中进行厌氧发酵得到优良的青贮饲料。

目前牧场进行青贮的青贮窖主要有 3 种，地上式青贮窖、半地下式青贮窖和地下式青贮窖，其中使用模式较多的为地上式青贮窖。

地下式青贮窖　　　　　　　　　　　　地上式青贮窖

地上式青贮窖

一、青贮制作流程

1. 清理青贮窖

在制作青贮之前，必须把青贮窖清理干净，避免杂物影响青贮效果。

2. 原料采集及运输

在青贮之前，我们要选择原料适合的收割时期进行原料采集。以全株玉米为例，其最适收割时期为蜡熟期，我们一般在田地里即对全株玉米进行粉碎（2～3 cm），进而装车运输至牧场进行装窖。

原料粉碎 原料装车运输

全株玉米的收割、粉碎及装车

3.原料装窖

原料送到牧场之后即进行装窖，并在装填的同时利用手握法确定水分含量，避免水分不足或过多影响青贮效果。在装填的同时也要同步进行压实，减少窖内的空气，尤其要注意四周及角落的压实情况，若没压实，极易影响青贮效果。青贮装填压实完毕后立即进行密封，保证不会再有空气进入。

原料装填及压实

原料的装填、压实及密封

二、注意事项

1. 原料粉碎长度要适宜

原料粉碎长度较长时不利于青贮和动物采食；原料粉碎长度较短时会造成原料的较多损失，且动物采食不方便。

2. 水分含量要适宜

水分含量较少时要加水使其达到合适的含水量；水分含量较高时可对原料进行晾晒，也可以在原料中加入干草降低水分含量。

3. 原料要有一定的含糖量

原料中的糖分是乳酸发酵的原料，含糖量较高的植物原料可进行单独青贮；含糖量较低的原料（例如豆科牧草）单独青贮不易成功，可与禾本科牧草进行混合青贮。

4. 厌氧环境

青贮时一定要确保原料压实，青贮窖要密封好，否则会造成青贮失败，浪费饲草料。

5. 温度适宜

青贮的最适温度为 25 ～ 30℃，是最适合乳酸菌生长繁殖的温度范围，过高或过低都会影响青贮品质。

全株玉米青贮饲料　　　　　　　　　青贮饲料

第四章　奶牛繁殖

第一节　奶牛发情鉴定

在发情期间，母牛由于受到体内生殖激素，特别是雌激素的作用，90% ～ 95% 的健康母牛具有正常的发情周期和明显的发情表现。母牛的发情通常可采用行为观察、生殖道变化、直肠触摸卵巢以及设备辅助检查等途径进行鉴定。

一、外部观察

奶牛常表现为兴奋不安，哞叫，对外界的变换十分敏感，频繁走动，食欲减退，泌乳量减少，出现爬跨行为。

爬跨

爬跨

二、生殖道变化

外阴、阴蒂和阴道上皮充血肿胀，有强光泽和润滑感，黏膜潮红；黏液分泌增多并流出阴门外。

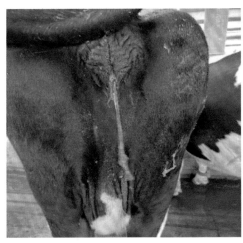
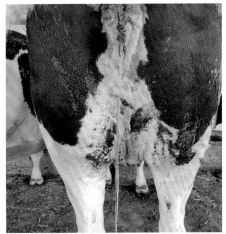

阴道分泌黏液

三、直肠检查

用手通过直肠来触摸卵巢上的卵泡发育情况，以此来查明母牛的发情阶段，确定输精时间，是目前生产中最常用、效果较为可靠的一种方法。

直肠检查

四、设备辅助检查

（一）计步器步数变异测定

计步器可以得到奶牛的运动步数，母牛发情时其运动量会大大提高，通过对母牛的步数监测，可确定其是否发情。

（二）B超检查法

使用B超观察子宫及卵巢上的卵泡和黄体发育情况。

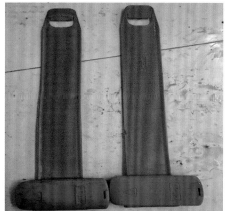

计步器

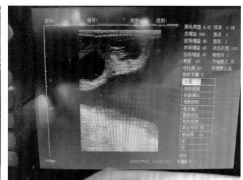

B 超检查

（三）尾根涂蜡（试情）

尾根涂蜡

第二节　人工授精

人工授精是指以人工方法利用器械采集公牛精液，精液在体外经过检查和处理后（如稀释和冷冻等），再利用器械把精液输送到发情母牛生殖道适当部位，从而使其受孕，代替公牛、母牛自然交配的配种方法。

人工授精

一、适期配种

一般母牛发情持续期短，输精应尽早进行。发现母牛发情后 8 ～ 10 小时可进行第一次输精，隔 8 ～ 12 小时进行第二次输精。生产中如果母牛早上发情，当日下午或傍晚第一次输精，翌日早上第二次输精；下午或晚上发情，翌日早上进行输精，翌日下午或傍晚再输一次。

二、输精前准备

（一）母牛的准备

经发情鉴定后，确定已到输精时间，将其保定，外阴清洗消毒，尾巴拉向一侧。

清洗外阴

（二）器械的准备

输精所用的器械均应彻底洗净后严格消毒，再用稀释液冲洗后才能使用，输精枪套上塑料套管备用。

输精枪及保温设备

（三）精液的准备

从液氮罐中取出冻精，时间不超过 10 秒，取出后要立即将剩余的冻精提桶沉入液氮中，后进行解冻及活率检查。其中，常规精液解冻需 45 秒，性控精液解冻需 60 秒，解冻完毕后擦干水分。

取冻精 水浴解冻

（四）人员的准备

输精人员应穿好工作服，指甲剪短磨光，手臂挽起并用75%乙醇消毒，伸入直肠的手要涂润滑液，防止损伤直肠。

三、输精方法

直肠把握输精法：一只手伸入直肠内把握住子宫颈，另一只手持输精枪，先斜向上45°伸入子宫颈的3～5个皱褶处或子宫体内，慢慢注入精液。

直肠把握输精

第三节 同期发情和性别控制技术

一、同期发情技术

同期发情是指应用外源激素及其类似物对母牛进行处理，从而诱导母牛群体集中在一定时间内发情并排卵的方法。其采用的主要方法如下。

（一）孕激素处理法

利用孕激素孕酮及其类似物注射入奶牛体内，使血液中的孕激素保持一定水平，抑制卵巢上卵泡的生长发育和发情，使得奶牛处于人为的黄体期，有时卵巢上的黄体已经消失，这也意味着内源性激素水平下降，但由于外源性激素仍在起作用，母牛不会发情，等于延长了发情周期，推迟了发情期。

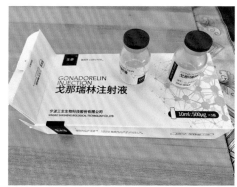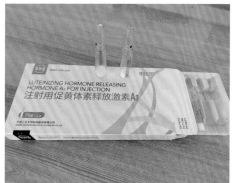

激素类药物

（二）前列腺素处理法

将 $PGF_{2\alpha}$ 及其类似物向处于非发情状态的母牛子宫内灌注或肌内注射一定剂量，经一定时间后，即可使母牛发情。

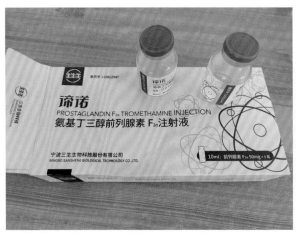

前列腺素

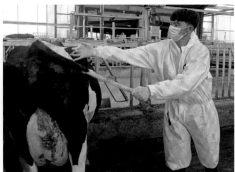

肌内注射

二、性别控制

性别控制是指通过人为地干预并按人的愿望使雌性动物繁殖出所需性别后代的一种繁殖新技术。奶牛生产中常用性控精液进行性别控制。

第四节　妊娠诊断

通常妊娠检测的方法有直肠检查法和 B 超检查法。

一、直肠检查法

直肠检查在母牛输精 45 ～ 60 天后进行，是常用的妊娠检查方法，但动作不可粗暴，以免人为地损伤胚胎或妊娠黄体，而引起流产或直肠黏膜的损伤。

二、B 超检查法

母牛输精 28 ～ 32 天后可进行 B 超检查，有初检和复检。

早孕诊断，超声可见扩张子宫角内有规则强回声结构的胎儿，超声测量胎龄头臀长（CRL）1.7 cm，显示胎龄 5 周 3 天，即 38 天。

胎龄测量，超声测量胎儿躯干径（BTD）3.60 cm，显示胎龄 12 周 5 天，即 89 天。

B 超检查

第五节　产后护理

子宫送药

保健时间为产后的第 15 天、20 天、45 天。

主要作用：治疗细菌感染引起的子宫内膜炎。

送药方法：使用前摇匀，使用一次性输精塑料外套通过输精枪送到子宫，留下外套抽出输精枪，将药液用注射器注入外套以达子宫。

子宫送药

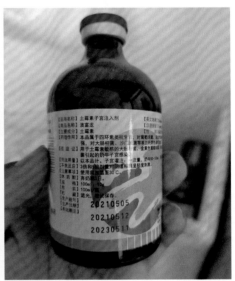

子宫灌注药品

第五章　防疫制度化

第一节　进出人员及车辆的消毒与要求

一、进出人员

进出人员应通过消毒通道消毒后方能进入厂区，进入生产区必须更换防护服或经过消毒的工作服，否则禁止进入生产区。

已更换防护服的工作人员

二、进出车辆

进出车辆应提前预约登记，在登记消毒后，才能驶入生产区。另外，任何私家车、观光车禁止进入。

××牧场车辆进出登记表

序号	时间	人员	目的	备注

三、消毒方法

1.消毒通道（人员）

采用过氧乙酸或其他消毒剂进行喷雾消毒，要充分浸润鞋底，保证鞋底消毒彻底。

2.车辆消毒

（1）运送饲料、鲜奶的车，应用2%～5%的NaOH溶液对轮胎进行消毒。

（2）运送粪污的车辆，应用

人员通道

2%～5%的 NaOH 溶液对轮胎进行消毒，用0.2%～0.5%的 HClO 溶液对车身进行消毒。

（3）运输牛只的车辆应通过污道往返，对车辆使用84消毒液进行消毒。

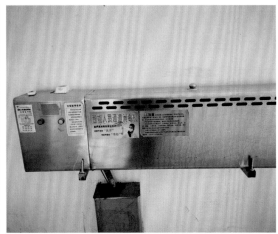

消毒机

车辆消毒通道

第二节 生产区的防疫管理措施

一、饲养区的管理

1. 牛床的消毒

为了给奶牛营造更好的休息环境，应尽量时刻保持牛床干净、干燥、疏松、平坦。为了有效防止因牛床污染引起的乳房炎，要定期给牛床进行消毒，通常采用3%的苛性钠溶液或3%～5%的来苏尔溶液进行喷雾消毒。

喷洒苛性钠溶液进行消毒

2. 饮水池的消毒

每头奶牛每天要饮用约50 L的水，在保证充足饮水的同时，还要保持饮水池的卫生，至少每2天清洗一次饮水池，保证饮水池内无污物沉淀即可。

清洗水槽

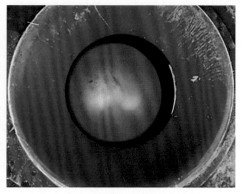

自助饮水槽

3.运动场地消毒

保证奶牛充足的运动可以有效地预防蹄病的发生，应保持运动场松软、舒适，无积水、积粪、坚硬的物体。最好做到每周疏松平整一次运动场，至少每月疏松平整运动场一次，此外还应用生石灰对运动场进行消毒。

运动场生石灰消毒

4.虫鼠害的防控

（1）将粪污进行干湿分离，可以有效地防止蚊、蝇孳生。

粪污的干湿分离

（2）在饲料存放区，设置捕鼠夹、粘鼠板等，防止因老鼠啃食饲料造成的疫情传播。

精饲料库房被捕获的老鼠

（3）将饲料存放于干燥阴凉通风处，防止因发霉或虫害引起的疫情传播。

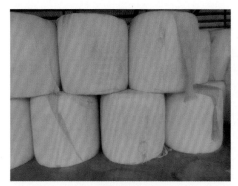

裹包苜蓿

大麦秸秆

5. 对于死亡牛只的处理

死亡的牛只不论何种原因造成死亡，都应进行无害化处理，并对死亡牛生前接触过的环境和用具进行彻底的消毒。

6. 对生产器具的管理

投喂饲料的器具与清理粪污的器具应分开摆放，绝对不能交叉使用。另外，必须要做到每天或每次使用后，清洗消毒使用过的工具和车辆。

病牛舍消毒

对使用的工具进行消毒

二、奶厅的管理

在每次挤奶时按照正规的操作流程，仔细清洁乳头、检查奶杯，减少因挤奶造成的乳房炎。每天定时对赶牛通道和奶厅进行消毒。

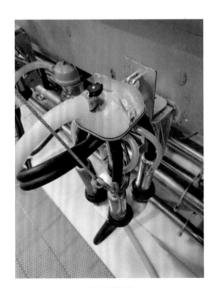

奶杯清洗

进牛通道消毒

三、病牛隔离区的管理

病牛应与正常的牛分开管理，最好将病牛舍与正常的泌乳牛舍、犊牛舍隔离，防止发生疾病传染，另外应每周按时对病牛舍进行消毒，采用3%～5%苛性钠进行喷洒消毒。注意：应严格控制医疗废物，防止医疗废物处理不当，对牛群造成二次感染。

过牛通道消毒

四、犊牛岛的管理

犊牛岛应在饲养犊牛后进行全面的清洗消毒后再进行下一轮次的犊牛饲养。在犊牛饲养过程中，每周至少进行2～3次带牛消毒。消毒方式可采用次氯酸消毒。

次氯酸消毒

五、环境管理

每天至少两次清理圈舍内的粪污，并用水将挤奶通道、过道等地方冲洗干净，并用消毒液进行消毒。

清理赶牛过道

第三节 常见的疾病及预防方法

一、乳房炎

乳房炎是指奶牛乳腺受到物理、化学和微生物等刺激所发生的一种炎性变化，其特点是乳汁发生理化性质变化，主要以白细胞增加、乳腺组织发生病变为主要特征，以环境因素影响最为重要。

预防措施如下。

1. 创造优良环境，减少乳腺感染

奶牛的乳头非常敏感，特别是挤奶前后。这段时间因为奶牛自身的生理特点，奶牛乳头打开。如果此时奶牛生活的环境条件很差，牛体不干净，极易引发乳头细菌感染，进而引发乳房炎。

牛体清洁干净

2. 创造良好的挤奶条件

奶牛干净清洁的挤奶环境对预防乳房炎也有重要作用。挤奶厅的清洁使得奶厅的细菌比较少，再加上正规的挤奶流程，奶牛更不易得乳房炎。

良好的挤奶环境

3. 待挤区

待挤区

4. 并列式挤奶厅颈夹

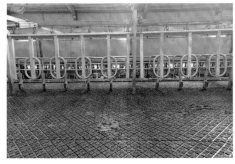

并列式颈夹

5. 奶牛进挤奶区

挤奶区

6. 严格遵守挤奶操作程序

（1）挤奶前药浴。

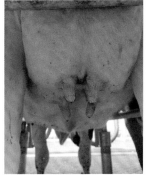

前药浴

（2）挤头 3 把奶。

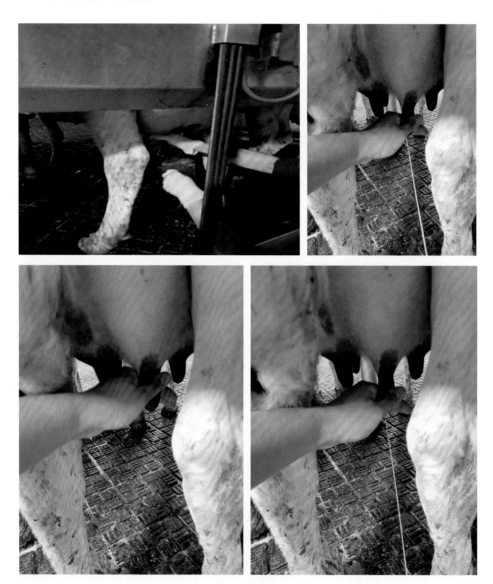

挤头三把奶

（3）毛巾清洁乳头。

清洁乳头

（4）套挤奶杯。

套奶杯

（5）挤奶。

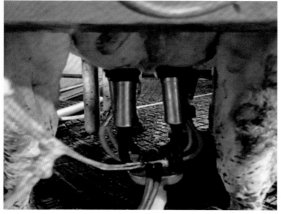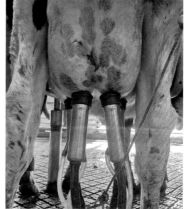

机械挤奶

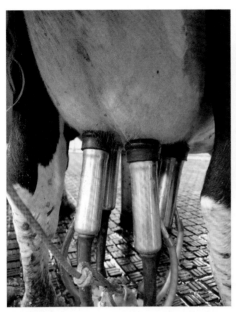
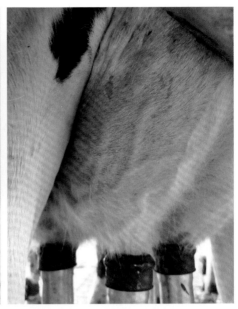

机械挤奶

（6）挤完奶后乳头药浴。

奶牛严格科学的挤奶流程，是奶牛乳房健康的重要保障。挤奶流程的科学性及严格的操作要求使得奶牛在挤奶的过程中应激较少，且不易被病菌感染乳头导致乳房炎。

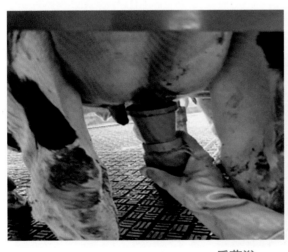
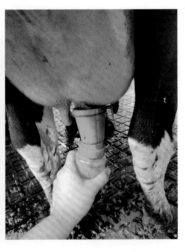

后药浴

（7）奶牛离开奶厅。

驱牛离开奶厅

7. 免疫预防

利用疫苗接种预防奶牛乳房炎可降低乳腺组织感染的严重程度，控制亚临床乳房炎的发生。

奶牛乳房炎多联苗

8. 淘汰患慢性乳房炎的奶牛

手推式挤奶车

二、肢蹄病

蹄叶炎

蹄叶炎是蹄壁真皮弥散性无败性炎症，故又称弥散性无败性蹄皮炎。

1. 症状

本病多为急性，病初患牛出现体温上升、脉搏和呼吸数增加、食欲减退和产奶量下降等症状。

前肢蹄冠肿大不能正常走路

轻症病例不爱运动，表现特有的步态和弯背姿势，蹄有热感，叩诊及钳压蹄壁时敏感。

重症蹄叶炎病牛起立和运动都困难。慢性蹄叶炎大多是由急性蹄叶炎发展而来，蹄的疼痛与急性型相比明显减轻，但仍可见独特的强拘步态、关节肿大、拱背等症状。

2. 防治措施

加强饲养管理，日粮供应要合理，做到精粗比例平衡，避免突然增加精料量，引起瘤胃酸中毒。饲料中添加碳酸氢钠、氧化镁等瘤胃缓冲剂，改善瘤胃的 pH 值。治疗蹄病，重视蹄浴，定期修蹄，对预防蹄叶炎也有作用。

蹄甲过短

蹄甲过长

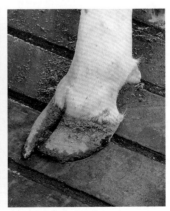

蹄甲长短不一

三、眼部疾病

牛传染性角膜结膜炎，又名牛红眼病。其特征为眼角膜和结膜发生明显的炎性症状，病初期结膜眼睑肿胀，羞明流泪，在角膜上发生白色或灰白色小点。

1. 临床症状

病初牛的患眼羞明、流泪，眼结膜潮红、充血、肿胀、疼痛，眼睑半闭合，呆立。大量流泪使颊部有泪痕。角膜或巩膜为深红色。症状出现 2 ～ 3 天后，角膜中央及附近出现直径 2 ～ 3 mm 的环形小白斑，不透明白斑扩大，突起，患部周围角膜粗糙、增厚、混浊。分泌物呈脓性，眼睑闭合。在症状出现 4 ～ 6 天后，急性炎症缓和，从角膜周边部开始发生血管扩张和增生，新生血管至角膜中央，角膜变化减弱，逐渐不透明，病程一般为 10 ～ 20 天，重症患牛可形成角膜翳，治疗不及时会导致失明，失去饲养价值。

失明

角膜增厚

角膜混浊

2. 防治措施

（1）彻底清除圈内牛粪，定期更换卧床垫料，加强环境消毒和带牛消毒。每天两次清理牛粪尿，一周更换一次牛床垫料，每周一次 3% NaOH 溶液喷雾消毒牛舍和 0.02% 的过氧乙酸带牛消毒。

（2）在蚊蝇孳生的夏秋季节做好防蝇灭蚊工作。

（3）分群饲养，注意饲养密度。育成牛按照月龄和体重进行分群管理，并注意饲养密度，夏季遮阴避免日光直射，冬季做好防风保暖工作，防止贼风偷袭。

（4）加强饲养管理，做好饲槽管理工作，定时清槽和槽口消毒。

卧床 NaOH 溶液消毒

洁净的采食环境

四、瘤胃酸中毒

瘤胃酸中毒是反刍动物采食了过量易发酵的碳水化合物饲料，在瘤胃内产生大量乳酸而引起的以前胃机能障碍为主的一种疾病。临床以精神沉郁或兴奋、食欲下降、瘤胃蠕动停止、瘤胃内微生物菌群活性改变、胃液pH值降低及脱水为特征。

1. 临床症状

最急性：常在采食谷物饲料后 3～5 小时突然发病死亡。瘤胃 pH 值迅速降低，瘤胃黏膜出血，瘤胃乳头坏死。

慢性：病畜精神沉郁，食欲废绝，结膜充血，瘤胃胀满，蠕动音消失。粪软或水样，色淡，有酸臭味。脉搏增加，呼吸急促。随着病情的发展，瘤胃空虚，有大量积液，机体脱水，眼球下陷，排尿减少或无尿。

精神沉郁的牛

重症：出现明显的神经症状，运动强拘，姿势异常，意识不清，眼反射减弱或消失，瞳孔对光反射迟钝。随着病情的发展，常呈后肢麻痹、瘫痪、卧地不起、角弓反张、眼球震颤，乃至昏迷死亡。

2. 防治措施

严格控制精料喂量，加强饲养管理水平。日粮供应要合理，做到精粗比例平衡，严禁为追求产奶量而过分增加精料喂量。根据奶牛产奶量的多少及时调整精料的饲喂量；精料不宜粉碎过细，并且要提供优质的粗饲料。日粮中增加2%碳酸氢钠和1%氧化镁。

优质的粗饲料

优质的青贮饲料

碳酸氢钠自由采食槽

五、胎衣不下

母牛分娩出胎儿后，一般 12 小时以内胎衣可自行排出，如经 12 小时以上胎衣还未能全部排出的，称为胎衣不下或胎膜滞留。

产后胎衣滞留

1. 临床症状

（1）胎衣不下分为部分不下和全部不下两种。胎衣全部不下，即整个胎衣未排出来，胎儿胎盘的大部分仍与子宫黏膜连接，仅见一部分胎膜悬吊于阴门之外。胎衣部分不下，即胎衣的大部分已经排出，只有一部分或个别胎儿胎盘残留在子宫内。

（2）牛发生胎衣不下后，由于胎衣的刺激作用，病牛常常表现拱背和努责。胎衣在子宫内腐败，从阴道排出污红色恶臭液体，患牛卧下时排出量较多。

（3）胎衣腐败分解产物被吸收后则会引起全身症状：体温升高，脉搏、呼吸加快，精神沉郁，食欲减退或废绝，瘤胃弛缓，腹泻，泌乳减少或停止。

2. 防治措施

加强饲养管理，科学合理地搭配日粮，以满足妊娠奶牛营养需要，重视维生素 A、维生素 D、维生素 E 和微量元素碘、硒等的补充，使妊娠后期母牛体况在中上等水平。

搞好环境卫生，及时清理粪便、垫草；要保证妊娠期奶牛适当的运动，从而增强母牛的体质，同时可增加光照时间，有利于维生素 D 的合成。

对奶牛定期进行防疫、检疫，做好布鲁氏菌病、李氏杆菌病、胎儿弧菌病、结核病等的防治工作，同时加强妊娠奶牛的生殖卫生保健。

调节产犊季节，避免在暑热季节分娩，分娩时要保持环境的卫生和安静等，以防止和减少胎衣不下的发生。

第四节　牛群防疫管理

一、牛只购买

（一）检查检疫证明材料

当牛只来源于国内时，奶牛应来源于具备地方政府兽医主管部门颁发的《动物防疫条件合格证》的牧场，并具有两病的《动物检疫合格证明》；当牛只来源于国外时，奶牛要具有《检疫调离通知单》。

牧场免疫记录

疫苗名称　　　　生产厂家　　　　　　　　批次

序号	接种日期	牛舍号	牛号	剂量	免疫方法	备注

日期：
免疫人员：

检疫证明

（二）检查牛只健康情况

1. 看采食

健康的奶牛有旺盛的食欲，吃草料的速度也较快，吃饱后开始反刍。

反刍的牛

2. 检查粪尿情况

健康牛的粪便落地呈烧饼状，圆形，边缘高，中心凹，并散发出新鲜的牛粪味，尿呈淡黄色、透明。

健康牛粪便（3分）

3. 用温度计放入直肠测体温

正常体温为 37.5～39.5℃，如果体温超过或低于正常范围就是不健康。

4. 观察牛的整体神态

健康的奶牛动作敏捷，眼睛灵活，尾巴不时摇摆，皮毛光亮。

（三）检查牛只档案资料与检疫证明

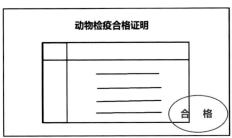

检疫合格证明

（四）牛只隔离

当引进牛只在进入饲养场之后，首先需要对其进行 15～30 天的隔离观察，通过单独圈舍饲喂，并由专业的工作人员对牛只的行为状态习惯进行重点观察，对其饮食、运动以及排便情况等进行详细记录，观察其粪便的颜色以及质地是否处于健康状态，看其安静时是否呼吸均匀，运动是否存在不适。通过对上述情况进行登记造册，为后期的育肥工作提供参考。

二、免疫计划

（一）免疫制度的制定

按照保巩固安全、振兴畅循环的工作定位，立足维护养殖业发展安全、公共卫生安全和生物安全大局，坚持防疫优先，扎实开展动物疫病强制免疫，切实筑牢动物防疫屏障。坚持人病兽防、关口前移，预防为主、应免尽免。

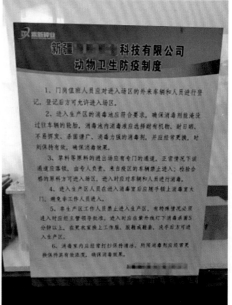

防疫制度

（二）疫苗的选择与接种

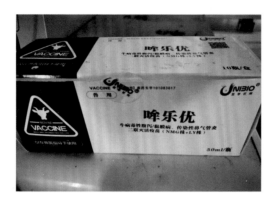

免疫疫苗

（三）免疫、检疫记录的登记

免疫登记

第六章　粪污无害化

第一节　粪污的影响

一、影响

规模化奶牛场引起的主要污染源是牛粪和臭气。一个存栏 3 000 头的牛场每天出产的粪便可达 100 ～ 150 t，这些粪便若不及时妥善处理会对奶牛和人的机体有着极大的危害，对环境造成巨大污染。

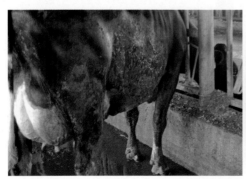

粪污的影响

牛体清洁度差

二、奶牛场粪污处理的原则

粪污处理需遵循减量化、无害化、资源化和生态化利用的原则。

每日产生的粪便要及时送到粪污处理池的地方，必须日产日清。在规模化牧场大多使用刮粪板清粪，这时要重点关注防扬散、防流失、防渗透等方面工艺。对粪水干湿分离、粪渣和污水合理利用，可以减少排污量，降低对环境的污染。牧场要有专门的沟渠排雨水，以防暴雨天气，使用暗道排污，最终达到无害化处理要求。

第二节　粪污处理模式

一、粪污的处理方式

1.物理、化学处理

固液分离、絮凝、过滤。

2.好氧、厌氧处理（生物处理）

堆肥处理、生产沼气、氧化槽、人工湿地、膜处理。

二、粪污处理技术的模式

1.种养结合模式

要实现种养结合，我们应按照土壤养分需求来确定养殖量，即养多少畜禽配多少土地的问题。

（1）需要确定土地情况（养分需求量）

土地类型（农作物、饲草、林地）、数量；土壤的初始养分含量；作物种植制度、产量；作物的N、P施用量；施肥时间、方式、有机肥施用占比等。

（2）畜禽粪便养分产生总量——可供给的养分量

畜禽种类、饲养量；粪尿产生量，N、P等含量；N、P等收集总量（不同收集、处理方式的养分损失有所不同）；养殖场自用的粪肥量土地情况养分需求量。

2.清洁回用模式

此模式为今后牧场粪污治理的优选。其中有牛场再生垫料的生产、能源化利用技术，将粪污处理合理运用，减少环境污染。

3.达标排放模式

将粪水经过一定技术的处理后进行回用或者进行排放。

4. 集中处理模式

"集中处理"是相对牧场自行分散处理粪便的一种新型组织形式，畜禽粪便集中处理，是现代畜牧业发展的产物，将粪污处理后的沼气等资源化利用技术用于民生服务。

不论选择什么样的处理模式，最重要的是必须建立在源头减排的基础上。

第三节　粪污处理的无害化措施

一、粪污的收集与清理

现代化规模牧场采取的清粪方式有水冲粪、干清粪。干清粪包括人工清粪、刮板清粪、铲车清粪。

人工清粪

刮板清粪

水冲粪

二、处理工艺

粪便的再生利用

奶牛粪便的再生利用是指牛舍中粪便通过机械或人工收集起来，经过物理、化学或生物方法等进行处理，按照一定的工艺流程，使粪便中原有的营养成分得到保留，有害物质被除去，余下部分用作饲料或其他用途。常用的主要有以下三种粪污处理工艺。

1. 处理工艺一

该工艺以能源利用和综合利用为主要目的，适用于有较大的能源需求，沼气能够完全利用，周边有足够土地消纳产出的污水和沼渣，并有一倍以上的土地轮作面积，可以使整个牧场的粪便在小区域范围内全部达到循环利用的情况。

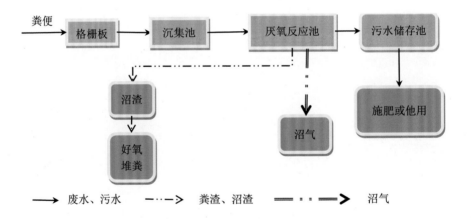

2. 处理工艺二

该处理适用于能源需求不大，主要以进行无害化处理污染物，降低有机物的浓度，减少污水和沼渣消纳所需的土地面积为目的。

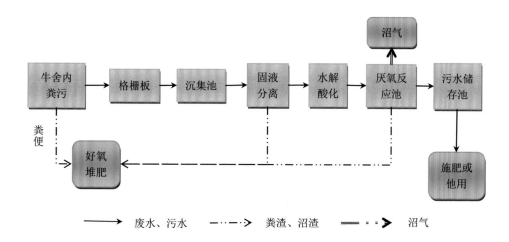

3.处理工艺三

该处理适用于能源需求不大且污水和沼渣无法进行土地消纳的地区，废水、污水必须经有效处理消毒后达到排放标准才能排到环境中或回收利用。

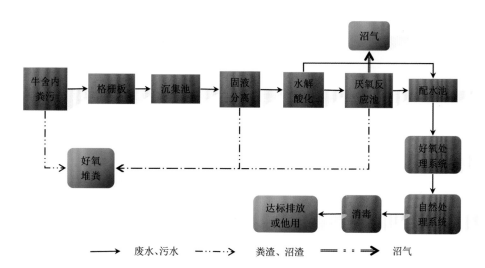

三、粪污资源化利用

1. 垫料

在将粪水干湿分离，干粪渣晒干消毒之后，用于奶牛的卧床垫料；污水在经过消杀之后可用于土地的灌溉和绿化地浇灌。

干湿分离　　　　　　　　　　　干湿分离后的粪渣

粪渣晒干　　　　　　　　　　　垫料的投放

2. 制作沼气

3. 堆肥

由于好氧堆肥法具有发酵周期短、无害化程度高、卫生条件好、易于机械化操作等特点，因此国内粪便堆肥生产有机肥的工厂大多采用此方式。

4. 生物转化

可以养殖蚯蚓等生物对粪便中的残存营养物质进行利用，削弱粪便中药物残留或矿物质残留，减少畜产公害，同时也减少对环境的污染。

第七章　奶牛场生产与经营管理

一、岗位的设置

根据不同的经营目的以及规模大小，牧场要设立健全相关的岗位。管理岗位包括场长、副场长和财务。

技术岗位有营养师、育种员、兽医、机电维修后勤人员等。生产人员包括饲料工、饲养员、挤奶工以及其他辅助人员。

二、职责和定额

场长：场长牧场的最高管理，是贯彻执行行业法律法规、服从监督管理的首要代表，他决定组织结构设置和人员配置，确定经营计划、制定预算决策方案、利润分配及亏损弥补方案，并制定牛场管理规章制度等。

副场长：提出分管工作的发展目标、年度计划；提出分管范围内各岗位的具体工作内容、目标和管理制度；提出分管范围内人员的招聘、解聘的建议等。

财务总监：负责牧场全面财务工作，业务上受场长监督，对投资者负责。其主要责任为在国家法律和企业内部规章制度下进行财务管理，协助场长控制成本，为牧场健康运营提供厚实财务保障。

营养师：负责全场牛群饲料配方制作及原料质量跟踪，并且负责分群、调群和饲养工作安排。

配种员：每人定额一定数量母牛，主要负责牛场的育种规划和人工授精。

兽医：每人定额一定数目奶牛。主要负责牛群卫生保健、疾病监控治疗等，及时发现病情并治疗，遇疫情或疑难病例应及时汇报。

挤奶工：挤奶厅机械挤奶按照班次进行挤奶。

饲养员：每人定额按生产阶段划分，具体定额看牧场规模以及管理层安排。

饲料工：根据牧场规模进行饲料供给。

第二节　奶牛场生产计划管理

一、牛群合理结构和全年周转计划

牧场需时刻牛群结构并进行适当调整，适宜的牛群结构可提高牧场的经济效益。

20__年牛群周转计划表

牛群种类	上年在群牛头数	增加					减少					本年年终在群头数	年平均头数
		出生	调入	购入	转入	其他	调入	转出	淘汰	出售	其他		
成母牛													
初孕牛													
育成牛													

续表

牛群种类	上年在群牛头数	增加					减少					本年年终在群头数	年平均头数
		出生	调入	购入	转入	其他	调入	转出	淘汰	出售	其他		
犊母牛													
犊公牛													
合计													

二、繁殖计划

个体母牛配种产犊计划

牛号	与配公牛	配准日期（年月日）	预产期（年月日）

全群配种计划

月别	上年度配准母牛数			本年度预计配准母牛数				
	成年母牛	育成母牛	合计	成年母牛	头胎母牛	育成母牛	复配母牛	合计
1								
2								
.								
.								
.								
.								
12								

三、饲料计划

饲料是奶牛场最大一项支出，占生产成本的 60% ～ 80%，直接影响奶牛场的经济效益。奶牛场必须按饲养年度制定确定可行的饲料计划。

青贮玉米月供应量（kg）=（25× 成母牛数头 +15× 育成母牛数 +5× 犊牛数）×30

干草月供应量（kg）=（4× 成母牛头数 +3× 育成母牛数）×30

精料月供应量（kg）=［3× 育成母牛数 +（3+ 上年度平均每头奶牛日产奶量 +3）× 成母牛头数］×30

饲料供应计划

类别	平均饲养头数	精饲料	青贮料	干草	青绿饲料	矿物质	牛奶
成年公牛							
成年母牛							
青年公牛							
青年母牛							
公牛犊							
母牛犊							
合计							
供应量							

注：供应量 = 需要量 + 损耗量，精料与矿物质的损耗量为需要量的 5%，其他为 10%。

四、产奶计划

产奶计划是检验生产经营效果的重要参考指标。

荷斯坦牛 1 ～ 6 胎各胎产奶量分别为最大产量的 77%、87%、94%、

98%、100%、100%。

产奶计划表

牛号	1月	2月	3月	4月	5月	6月	7月	8月	9月	10月	11月	12月	合计
合计													

第三节　奶牛信息化管理

随着奶牛养殖技术逐渐标准化和现代化，信息技术得到了越来越广泛的应用，奶牛养殖业是信息化应用最密集、程度最高的畜牧产业之一。

现代挤奶设备

第四节　奶牛场财务预算

收入＝产奶收入＋公牛犊收入＋淘汰牛收入＋粪便收入

支出＝饲料支出＋兽药支出＋工资支出＋水电费＋设备维修费

净利润＝收入－支出

原料奶销售价格盈亏平衡点：盈亏价格＝（总成本＋税金＋成本外支出－其他收入）/ 主产品产量

劳动力工资率盈亏平衡点：盈亏点工资率＝［（主要产品总收入＋其他收入）－物质费用－税金－成本外支出］/ 人工投入量，这个估计值越高，工资率优势就越大。

第八章　奶牛体况评分

奶牛体况评分即对奶牛的膘情进行评定。在集约化养殖过程中，因为奶牛的个体差异、饲料的精粗比例不当、奶牛的健康状况不同等，出现体况不一样的情况。为了准确评价奶牛体况，我们通过体况评分来判断奶牛的胖瘦与否，判断其与该阶段奶牛正常的体况是否相同。

体况评分如今已经在国内大多数牧场进行使用，这对于奶牛的精细化管理有极大的帮助。通过奶牛体况评分，我们可以判断该牛是否处于健康状态，评价该阶段的饲养效果，同时对一段时间的日粮配方进行调整。

母牛体况评分具体如下。

髋结节
髋关节
坐骨结节

从髋结节到髋关节再到坐骨结节形成的线条，如果这条线形成一个扁平的"V"，那么 BCS ≤ 3.00。从牛的后面观察奶牛的髋结节、坐骨结节和短肋来决定是否增减一个单位。

圆形的髋结节，BCS=3 分。

尖的髋结节，坐骨结节有显著的填料，BCS=2.75 分。

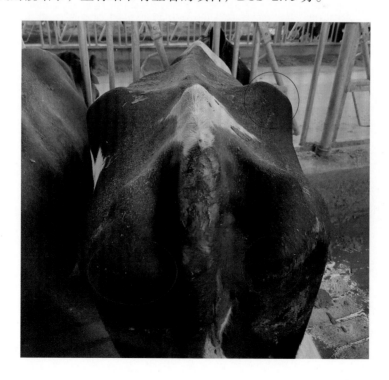

尖的髋结节和坐骨结节，坐骨结节处有少许的脂肪沉积，短肋到脊柱
1/4 的面积能看到褶皱，BCS=2.5 分。

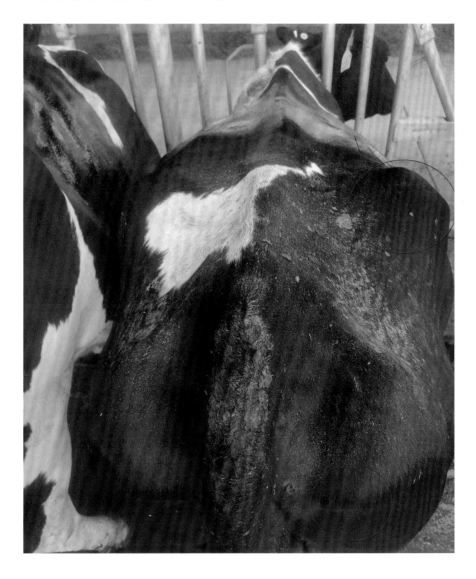

在坐骨结节处没有脂肪。短肋到脊柱的一半都能看见褶皱，BCS=2.25 分。

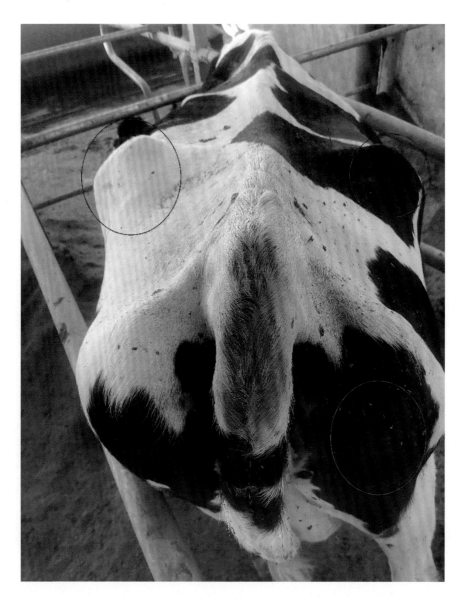

尖的髋结节，坐骨结节处没有填料，短肋到脊柱 3/4 的面积能看到褶皱，BCS=2 分。

2 分以下：髋关节突出，脊柱呈锯齿状。

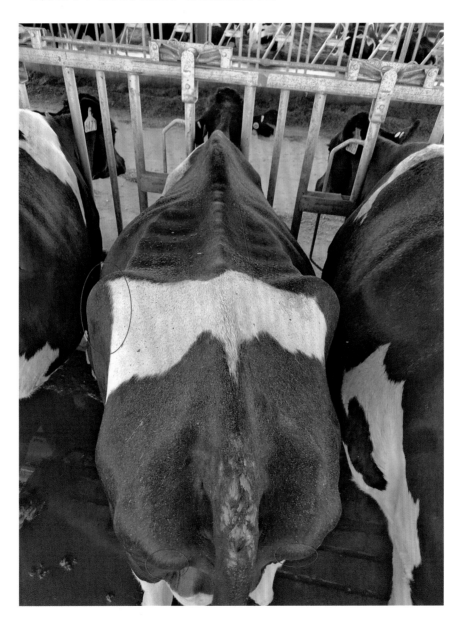

如果这条线是一个月牙形或者扁平的"U"形，则 BCS ≥ 3.25。随后观察尾根韧带和荐骨韧带。

荐骨韧带和尾根韧带都清晰可见，BCS=3.25 分。

尾根韧带基本看不见，荐骨韧带可见，BCS=3.5 分。

荐骨韧带基本看不见，完全看不见尾根韧带，BCS=3.75 分。

如果这个线条基本上是直的，则 BCS > 4 分。依照下列指标来决定增加几个单位。4 分，平的髋关节，荐骨韧带和尾骨韧带不可见；4.25 分，短肋尖端基本上不可见；4.5 分，平的髋关节，坐骨结节被脂肪包裹；4.75 分，髋结节基本上看不见；5 分，所有骨头的突出部分都被脂肪包裹着。

参考文献

王之盛，2009.奶牛标准化规模养殖图册［M］.北京：中国农业出版社.

李胜利，刘长春，2011.奶牛标准化养殖技术图册［M］.北京：中国农业科学技术出版社.

曹志军，杨军香，2014.青贮制作实用技术［M］.北京：中国农业科学技术出版社.

王根林，2014.养牛学［M］.北京：中国农业出版社.

梁学武，2014.养牛学实习指导［M］.北京：中国农业出版社.

李伟国，柯阿龙，李胜利，等，2006.中国学生奶奶源管理技术手册［M］.北京：中国农业出版社.

王成章，王恬，2003.饲料学［M］.北京：中国农业出版社.

李建国，2007.现代奶牛生产［M］.北京：中国农业大学出版社.

赵兴绪，2002.兽医学［M］.北京：中国农业出版社.